Alberto González Rodríguez

ÁLBUM de la TOPONIMIA
de CANTABRIA III

Título: *Álbum de la Toponimia de Cantabria (III)*
© Alberto González Rodríguez
  Ediciones Tantín

ISBN: 978-84-128488-9-2
Depósito legal: SA-656-2024

Ediciones Tantín
C/ Camilo Alonso Vega, 10. 39007 Santander
edicionestantin@edicionestantin.com
www.edicionestantin.com

Para Lucía

Índice

Introducción

Estimada lectora, estimado lector,

el libro que tiene usted entre las manos es la tercera entrega de los que lo preceden, los titulados *ÁLBUM de la TOPONIMIA de Cantabria*.

Como los dos libros anteriores, el presente libro *ÁLBUM de la TOPONIMIA de Cantabria III* tiene una estructura muy simple: consiste en una colección de fotos y textos alusivos a algún aspecto representativo de la toponimia de Cantabria. Cada página enfrenta al texto con su foto de modo que, necesariamente, se aluden mutuamente, el uno se comprende con el otro, el otro con el uno: el texto con la foto, la foto con el texto.

Confiamos en la efectividad de la fórmula y, así, esperamos que, sumando este volumen a los dos anteriores, disfrute tanto de los textos como de las imágenes.

Arena

La presencia de arena es un referente idóneo para la toponimia. Ahora bien, esa arena puede ser la de una playa en la costa o puede ser una arena fluvial, alejada del agua del mar (incluso, un terreno interior, sin mar ni río, simplemente, arenoso).

En el primer caso, existen varias playas que llevan justamente este nombre: *Arenillas* (Islares), La Arena (Isla), Valdearenas (Liencres), *Arniya / Arnía* (Ribamontán al Mar), algo enmascarado en este último ejemplo con la incorporación del sufijo -ía o su variante -iya con yod epentética (v. imagen de página contigua, la playa de La Arnía o La Arniya, según polemizan los propios vecinos).

En el segundo, los ejemplos son también numerosos aunque menos conocidos al situarse al margen de la moda turística de mar y playa. Entre ellos hay topónimos mayores (pueblos y barrios) tales como *Arenas de Iguña* (junto al río Besaya), *Arenas* (río Nansa, junto a Celis), *Areños* (río Deva, Cosgaya), *Arenillas de Ebro* (junto al río Ebro), Guarnizo (ría de Solía), San Martín de la Arena (ría del río Saja-Besaya, Suances).

Dentro del grupo de las arenas de costa, aún pervive —aunque con su valor semántico ya casi olvidado— la voz *sable*, un présta-mo de origen francés (fr. *sable* 'arena') y con idéntico significado arenoso, localizada exclusivamente en el litoral como una especie de préstamo de cabotaje. Debido a esta colisión semántica, la voz *sable* se ha especializado en la denominación de los bajíos de arena que quedan al bajar la marea, como el de la imagen en la que aparece tanto el sable donde marisquea el pescador como la arena y dunas de la playa de Somo, destino bien conocido del veraneo santanderino. (cf. SABLE en *Álbum de la toponimia I*, s.v.). Existen varias playas, tanto en la costa de Cantabria como en la de Asturias, cuyo nombre conserva la voz gala: *El Sable* (Castro Urdiales, Laredo, Isla, Somo, Santander, Tagle, San Vicente de la Barquera, Prellezo, Buelna, Llanes, Ribadesella, Llastres, Castrillón, Cudillero, Oviñana).

ARRIA

El verbo *arriar* significa 'echar agua' (lat. *ad rigare*), es decir, comportarse como una fuente o una riguera. De ahí proceden los derivados *arria* y *arriáu* con el significado de 'terreno con agua'. El adjetivo arriado (> arriáu) es el participio de *arriar* y *arria*, un sustantivo derivado del verbo, un deverbativo.

El invernal de la imagen (cerca, cabaña y prado) se llama *Arria*. La foto fue captada poco después de su segunda siega (finales del verano) por eso la hierba tiene color amarillo. Pero, si se observa con atención, hay zonas que conservan un tono verde. Esto es debido a la presencia de agua, a la existencia de surgencias o manantiales en el mismo suelo del invernal. Por eso se llama Arria.

La geología del valle es la roca caliza. Se observa muy bien en el macizo que cierra el valle (Lamasón) por el Norte. Su nombre, *Arria*, explicita la circunstancia que sufre la roca caliza en su contacto con el agua: el agua la disuelve y desaparece en sus entrañas para, posteriormente, reaparecer en forma de surgencia, muchas veces de gran potencia. La característica más llamativa de este macizo es la ausencia de agua y la existencia de diversas surgencias o arrias.

El tipo toponímico existe en el Occidente de Cantabria y Oriente de Asturias. Traemos a estas líneas el nombre de una de las canales más célebres de Picos de Europa, *La Canal de Arria*, de pavoroso descenso desde su macizo Central sobre el río Cares.

También, en el municipio de Camaleño (antiguo valle de Valdebaró, río Deva, cara sur del macizo Oriental de Picos de Europa): *Las Arrianas* (Mogrovejo), riega *Las Arrianas* (Espinama); *Las Arrianas*: (Las Ilces).

En Bejes está el (también Riega o Ría los Salces). Nos contaron los vecinos que este modesto curso de agua aumenta significativamente su caudal con las lluvias y deshielos.

ATALAYA

La voz es de origen árabe pero está plenamente incorporada al castellano desde los primeros momentos de contacto entre los pueblos de la península Ibérica antes del siglo X.

El paraje elegido para su construcción, en los últimos años del siglo XIX, tenía el nombre de *El Atalayón de Cabo Mayor*. Su nombre es claro: sobre un cabo —llamado Mayor por su prominencia relativa a otro contiguo que será Menor— se construyó un puesto de vigía desde el cual se alcanzaba una amplia panorámica sobre la mar y las embarcaciones que se aproximaban al puerto de Santander. En caso de necesidad la atalaya estaba provista de un espacio para emitir una señal de aviso (el humo de una fogata). El paraje cuenta también con un segundo nombre, de raigambre moderna, *Bellavista*, título del que se ha adueñado el camping cercano y el hipódromo ya desaparecido.

Por otra parte, el paraje cuenta además con un rincón muy triste de la historia reciente de Santander y de toda España: el monumento erigido en recuerdo de la gente que allí fue fusilada o arrojada al mar durante la Guerra Civil española (imagen contigua).

Aunque actualmente la navegación ha incorporado mecanismos más sofisticados que el avistamiento bien de una columna de humo bien de una señal luminosa determinada, o la escucha de un sonido prefijado, la figura del faro permanece enhiesta y elegante en el paisaje, ajena a su obsolescencia. Además, conocedores del valor simbólico del edificio, los responsables de Autoridad Portuaria de Santander y del Ministerio de Fomento lo han habilitado como espacio expositivo: *Centro de Arte Faro Cabo Mayor*. Sin duda, merece una visita.

BALLENA

Ballenas ya no quedan. La caza excesiva las ha llevado a su desaparición, al menos en la costa del mar Cantábrico. Quedan sus huesos en los museos, sus imágines, su recuerdo en forma de relato. Y también sus nombres, adheridos a los puntos de la costa desde donde eran avistadas para salir a su caza. En la costa de Cantabria conocemos cuatro puntos que llevan el nombre *ballena*.

El cementerio de Castro Urdiales, llamado *Cementerio de Ballena*, está ubicado junto al mar, en el paraje de donde toma su nombre. Se trata de un saliente que delimita la ensenada de Urdiales por el Oeste (imagen contigua).

Cerca del anterior, siguiendo la costa hacia el Oeste, una roca en el agua, con forma oblonga y cercana a la costa a la altura del pueblo de Cerdigo lleva el nombre *La Ballena* o La Ínsula. Recuerda el relato de Víctor Catalá *La Madre Ballena*, donde nada es lo que parece, ni siquiera el nombre del autor, que es autora y se llama Caterina Albert y Paradís.

Seguimos la costa hacia el Oeste. Un peñasco asoma en el mar frente a Sonabia (entre Castro Urdiales y Laredo). Su nombre original es Cabo Cebollero (de origen fitonímico) pero, debido a su aspecto, lleva como sobrenombre el de Ballena (imagen de página contigua).

En Comillas, junto al puerto y su paseo, se ve una roca plana hincada en la arena, con una ligera inclinación, donde se descuartizaban los cetáceos capturados. Su nombre, *Piedra de la Ballena* (imagen inferior).

La toponimia se erige como celoso guardián de los nombres de una actividad que en nuestros días no goza de ningún prestigio pero que antiguamente proporcionaba variados y apreciados productos tales como el lardo (o grasa), la carne, las barbas, el ámbar, los huesos.

Cajiga

Es el nombre que recibe en Cantabria el roble de gran porte, el roble albar, cuyo nombre científico es *Quercus petraea*. Además de como topónimo, *cajiga* está extendido ampliamente como apellido personal.

La voz *cajiga* está emparentada con la francesa *chêne*. Son hermanas, ambas proceden de la misma voz prerromana.

El árbol crece bien en terrenos orientados hacia el Sur, lo que contrasta con el otro gran árbol de los bosques, el haya, que prefiere las umbrías y la orientación Norte.

En el municipio de Puente Viesgo (imagen contigua), en la ladera norte del Pico Grande y tras el cueto con forma de cono que alberga las célebres cuevas con pinturas prehistóricas, un bosque situado en ladera recibe el nombre de *Las Cajigucas*. La razón se encuentra en la especie arbórea que lo compone, la cajiga, más el diminutivo –uca, de amplio empleo en Cantabria.

En la página contigua, al pintor Agustín de Riancho (1841-1929), discípulo de Carlos de Haes, pertenece el siguiente óleo, de aire bucólico, donde pastor y vacas buscan el frescor bajo la sombra de las cajigas.

Las Cajigucas

CASTILLO

En Cantabria es difícil encontrar estas construcciones militares que tenemos bien presentes en nuestro ideario histórico: murallas, fosos, torres, etc. En Cantabria, muchas veces, la voz castillo se utiliza para la designación de simples torres, bien destinadas a controlar el territorio, bien meros símbolos de preeminencia social en siglos pasados.

En la toponimia mayor de Cantabria, el nombre constituye el recuerdo de su antigua existencia: *Castillo* (Arnuero), *Castillo Pedroso* (Corvera de Toranzo), *Peña Castillo* (página contigua, en la entrada a Santander, tras el caserío, una peña verde con cierta forma piramidal entre dos caminos). En la toponimia menor, algunos delatan la antigua presencia de una fortificación; otros, sin embargo, se deben a un empleo metafórico, es decir, una roca con cierto aspecto recortado o almenado (imagen contigua inferior). La antigua existencia de una fortificación queda recogida en *Cabeza Castillo* (Baró, Camaleño) hubo un castillo roquero ubicado en una protuberancia (o cabeza) de la cresta rocosa (imagen contigua superior); *Peña Castillo* (Piasca, Vendejo, Barrio, Campollo); *La Joya del Castillo* (Santa Eulalia, Polaciones, imagen contigua central. Uso metafórico: *Los Castillos* (Rionansa), imagen contigua inferior.

SANTANDER.

Colina

El ejemplo que presentamos se encuentra en el valle de Matienzo. Perteneciente al municipio de Ruesga, Matienzo es una localidad que se corresponde con un valle geográfico. Desde el punto de vista de la geología, Matienzo constituye una cubeta cárstica modélica que la geología denomina poljé. Disuelta por el agua, la naturaleza caliza de la peña ha acabado por derrumbarse en su centro creando esta colosal cubeta en cuyo interior, totalmente plano, se han construido diversos núcleos de población (Ozana, Alsedo, Cubillas, Camino, La Secada, La Vega, Carrales) y establecido cultivos y zonas de pasto para el ganado (v. imagen contigua). De modo que, para acceder al valle, primero hay que subir los bordes calizos que lo rodean y luego, descender al interior.

Las aguas pluviales no pueden salir. Se subsumen o alimentan diversas lagunas allí donde la arcilla ha conseguido acumularse. Existen diversas cavidades como consecuencia de la disolución de la caliza, tales como *Cueva Comediante, Cueva El Molino, La Cuevona.*

En la página contigua, en el centro de la imagen, con un invernal homónimo tras de sí, *La Colina* es el nombre de la peña. Sin duda, se trata de una denominación relativa, es decir, *La Colina* será

un nombre adecuado si observamos su altitud relativa respecto a las cumbres que la rodean.

Collado/Colláu

El cuerpo humano es un perfecto referente para la creación de términos metafóricos empleados en la descripión del terreno: piernas, cabezas, codos, dedos…

Aquí presentamos el cuello. De esta palabra procede el derivado *collado*, es decir, que tiene forma de cuello. En un relieve montañoso tan acusado, los collados son referencias de primera categoría pues, además de su dibujo de comba en el paisaje, es a través de ellos por donde puede discurrir el camino o el paso de la montaña.

En la imagen de la página contigua y en la imagen contigua superior presentamos *Colláu Pebe*. Antes dela construcción de la carretera actual, el acceso al pueblo de Bejes desde el desfiladero de La Hermida se efectuaba a través de un camino carretero que atravesaba este collado. En la imagen contigua inferior, el *Colláu de Oja* (no sabemos si debe escribirse con /h/), tapizado de prados segaderos (antiguamente, piezas de mies), pues supone una oportunidad de piso plano en el atormentado relieve de Bejes.

ESPINA

Espina o *espino*. El espino blanco, también llamado *majuelo* o *espino albar* (*Crataegus monogyna*) es un arbusto de flores blancas, bayas rojas y ramas espinosas. En la medicina popular son bien conocidos sus beneficios: contiene antioxidantes; tiene propiedades calmantes y antiespasmódicas; posee flavonoides (mejoran la circulación sanguínea); es astringente.

Su presencia, tanto en solitario como en grupo, resulta un buen indicador para la toponimia.

En la toponimia mayor, deja su nombre a varios pueblos, *Espinama* (Camaleño), *Espinilla* (Campoo de Suso), *Espinosa de Bricia* (Valderredible), *Espinosa* (Valdeolea) y barrios como (Alfoz de Lloredo).

En la toponimia menor, su presencia es muy abundante. Aparece en diversas formas, sean simples, derivadas o compuestas. *El Espinal, Espinal* (Hijas, Puente Viesgo) (ver imagen contigua); *Braña Espina Flor* (La Lastra, Tudanca), *Cotera Espinera* (Tudanca, Tudanca), *Panda Espinera* (Tudanca); *Braña Espinas* (Los Llaves, Peñarrubia), *Prau la Espina* (Cicera, Peñarrubia), *Collá el Espino, Cotera Espina* (Celucos, Rionansa), *La Espina* (Celis, Rionansa), *El Espinal* (San Sebastián, Rionansa), *Espinéu* (Obeso, Rionansa), *El Espinéu* (Lafuente, Lamasón), *Espinucas* (Cires, Lamasón), *Las Espinas* (Salceda, Polaciones), *Las Espinillas* (Uznayo, Polaciones), *Quemáu Espinera* (Cotillos, Polaciones), etc.

(El) Espinal. Hijas (Puente Viesgo)

Los Machucos o *Colláu Espina.* (Arredondo, Ruesga)

Helecho/Jelechu

Evolución regular desde el latín *filictum*.

Pero no es la única forma. Existen tres: *felecho, jelecho, helecho*. La palabra utilizada dependerá de si estamos en el Occidente o en el Oriente de Cantabria.

En la parte Oriental, el pueblo de(Marina de Cudeyo) presenta la evolución castellana f- > h-.

En la Cantabria Occidental, la aspiración de la f- inicial deja la forma *jelecho*, una transición hacia el asturiano central y occidental *felecho*, donde sí se mantiene (vgr. el nombre del pueblo Felechosa). Pero la forma *jelecho* no ha tenido ningún éxito en la toponimia mayor. Siempre es corregida oficialmente por la forma castellana *helecho*: Helguera (< *filicaria*) (nombre de entidad de población en los Ayuntamientos de Reocín y de Molledo).

La imagen de la página contigua presenta una ladera cubierta por helechos. Su color es pardo, señal de que nos encontramos en otoño o invierno. También se aprecia este color en las laderas de la pequeña meseta que se ve al fondo. Su nombre es el de su forma, La Mesa, y su tablero plano fue utilizado antiguamente como zona de mies, actualmente como prados de siega. Las faldas, en cambio, son pobladas por los helechos, planta sin

mayor interés para su uso agropecuario. En la imagen contigua, los helechos sustituyen al bosque en la ladera (Picos de Europa, macizo Oriental).

El nombre del invernal es *La Alguerosa*, donde no hay ni conservación ni aspiración de la f- inicial procedente de la forma original *filicaria*. Su ubicación en una hoya caliza rodeada de laderas pobladas de helechos invita a pensar en un origen fitonímico, aludiendo a la presencia abundante de helechos que fueron eliminados para el establecimiento de un prado productor de hierba.

Huerta

No hay hortalizas. Tampoco, trigo o patatas. Entonces, ¿por qué se llaman *huertas*?

En Picos de Europa, estos lugares así denominados son las repisas herbosas de las paredes verticales. Las aprovechan las cabras, animales que saltan y trepan sin problema por las paredes rocosas. Las huertas son como remansos horizontales donde pastar y descansar. La acumulación de nitratos procedentes de sus deposiciones permite la existencia de hierba.

Muchas veces estas huertas están protegidas de los vientos por sus altas paredes laterales lo que aumenta su potencialidad como refugio. Debe tenerse en cuenta que, en estas alturas, la fuerza y velocidad del viento es muy superior al existente en cotas inferiores.

En las imágines contiguas —tomadas desde Fuente De, al pie del Parador Nacional y de la estación inferior del célebre teleférico (CANTUR)— pueden observarse varias de ellas. Cada huerta tiene una denominación diferente para que no haya problemas a la hora de controlar el ganado de cada pastor. Hay que saber bien dónde se ha dejado o dónde se encuentra el ganado y para ello hay que poner nombre a las rocas y a sus detalles: pared, huerta,

cueva, robres, bermejas, sendas, vallejas, embudos… Equivale grosso modo al callejero de cualquier núcleo urbano.

La Hermida, Peñarrubia.

Huerta los Cabrones, Huerta los Avellanos, Huerta las Teja

Quintanilla, Lamasón

Huerta del Diablo.

En este ejemplo, el diablo hace su aparición para advertir de la peligrosidad de esta huerta: una vez dentro, es muy difícil salir.

Nómina de los topónimos del tipo huerta en Bejes y Tresviso:

Bejes

Huerta so la Concha, La Huerta Campu, La Huerta Cuazón, Huerta el Aveséu, Huerta la Serna, Huerta la Usillera, Huerta las Verdes, Huerta Solerau, Las Huertas de la Robre, Huertas de Pranieve, Huerta los Bodegones, La Huertuca

Tresviso

Huerta el Ajáu, Huerta el Reondu, Huerta la Jorcá, La Huerta Grande, La Huerta Samelar.

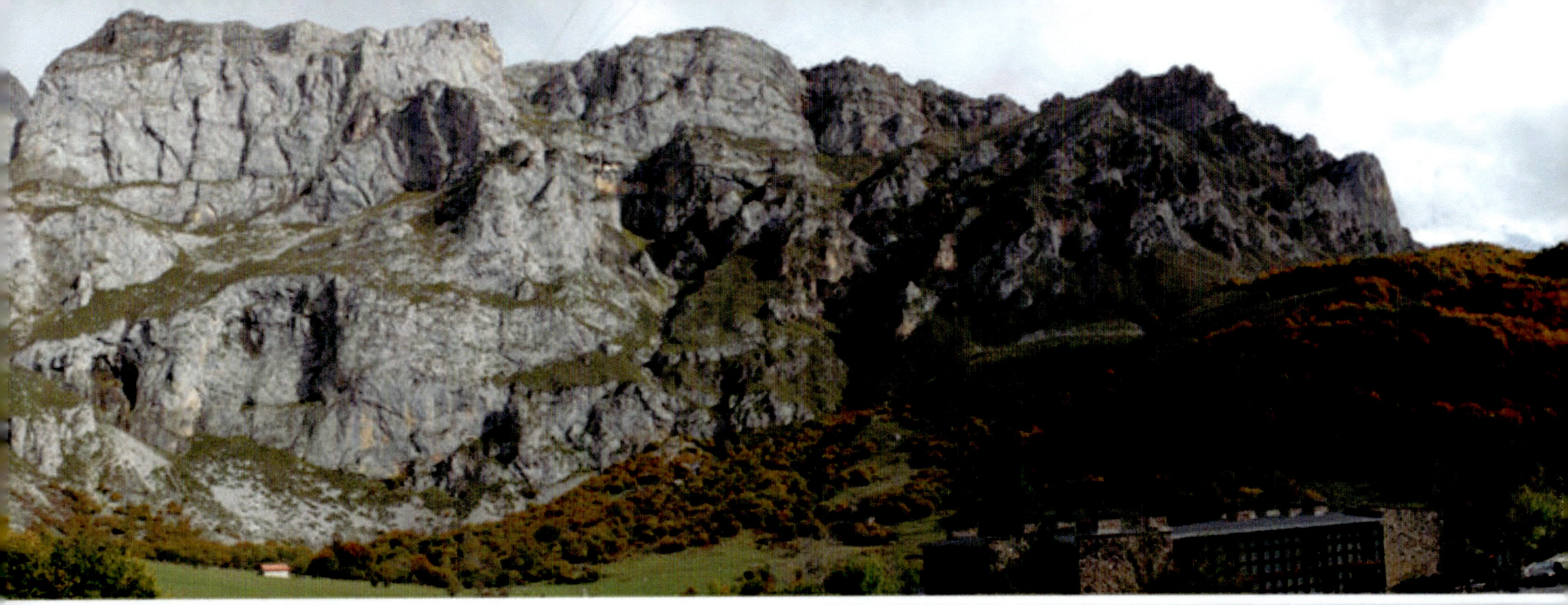
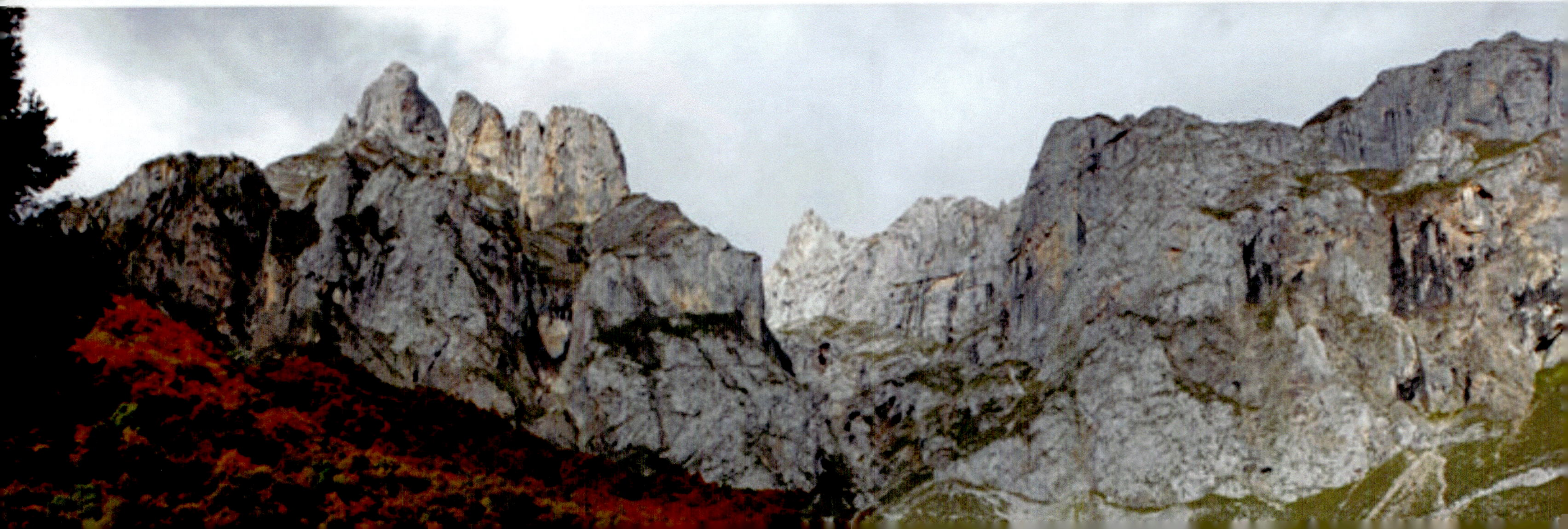

Llambr(i)a

La voz castellana lámina es el cultismo de la forma latina *laminam*. Pero, si realizamos su evolución fonética regular, el resultado es *lambra*, que será *llambra* con la palatalización de la l- inicial. Habrá que añadir una /i/ epentética a su sílaba final para así alcanzar la forma llambria.

Llambr(i)a ha caído en desuso en la lengua hablada pero se conserva en la toponimia para la denominación de los lugares caracterizados por la presencia de un suelo rocoso liso. En nuestro ejemplo, en su derivado en –al, el colectivo *llambral*.

Al pastor que conduce los rebaños, le interesa señalar con el nombre de lugar, con el topónimo, la imposibilidad de la existencia de pasto o del establecimiento de cualquier tipo de cultivo en este paraje. Sólo hay peña. Por este paso se accede a los pastos altos de Ándara. Allí, junto al lago, el ganado podrá disfrutar de una pación jugosa.

Al montañero que gusta de caminar por parajes agrestes, también le conviene saber que en este terreno puede resbalar con facilidad.

Al historiador de la época medieval le concierne el personaje de doña Lambra, la protagonista de la leyenda relacionada con los siete infantes de Lara.

Romance de los Infantes de Lara

¡Ay Dios, qué buen caballero
fue don Rodrigo de Lara
Romance de los Infantes de Lara
que mató cinco mil moros
con trescientos que llevaba!
Si aqueste muriera entonces,
¡qué grande fama dejara!
no matara a sus sobrinos
los siete infantes de Lara,
ni vendiera sus cabezas
al moro que las llevaba.
Ya se trataban sus bodas
Con **la linda doña Lambra**.
Las bodas se hacen en Burgos
Las tornabodas en Salas;
Las bodas y tornabodas
Duraron siete semanas.
[…]

Los
Llambrales

MOLINO DE MAREA

La existencia de rías, desembocaduras de ríos cuyas aguas se mueven al compás del flujo y reflujo de las mareas, permite el establecimiento de molinos. Sus ruedas son movidas no por el viento sino por el agua. Son los molinos de marea.

Necesitan cierta infraestructura. Primeramente, el agua ha de ser convenientemente canalizada hasta sus ruedas. Para conseguirlo, se establecen unas represas y unos canales que captan el agua de la ría, la conducen hasta el molino y, tras haber movido sus ruedas, se la devuelven a la corriente. Al pasar el agua, las ruedas giran; su fuerza se trasladada ingeniosamente a unas muelas que con su giro, ahora ya horizontal, muelen el cereal o el maíz.

Estos ingenios hidráulicos eran bienes muy apreciados en la Edad Media, como demuestra su mención en los documentos que catalogan los bienes y pertenencias de los monasterios.

"...quicquid infra términos de ipsas villas evenerit tam in culto quam et in leuco, exitum vel ressitum, felgaria, molina..."

28 mayo 870 (Cartulario de Santillana del Mar)

"... cualquier cosa que acontezca dentro de los términos de las villas, tanto en los terrenos cultivados como en los sin cultivar, salidas o entradas, helgueras, molinos... "

La nómina de los molinos de marea en Cantabria es la siguiente.

Molino de Santa Olaja marisma del Joyel. En Soano (Arnuero) (foto contigua).

Molino de Jado en el barrio de Ancillo, en Argoños.

Molino de Cerroja, en Escalante. Cuenta con dos partes: el molino propiamente dicho y la vivienda de los molineros.

Molino de las Aves, en las marismas de Victoria, en Noja

Molino de Castellanos, en la ría de Ajo

Molino de Aldama, en La Maruca.

Molino de San Juan, San Juan de la Canal. Soto de la Marina

Molino de Ronzón, San Cibrián.

Pájaro amarillo

En la playa de Oyambre, un pequeño monumento y un restaurante junto al arenal llevan el nombre de Pájaro Amarillo. ¿Pájaro amarillo? ¿Un pato?

Tan extraña denominación, totalmente ajena a la toponimia tradicional, no se debe en realidad a ninguna ave aunque sí que volaba. Se trata de una avioneta, una muy especial que realizó en su época un vuelo de fama mundial. La historia es la siguiente.

Durante los años veinte del siglo XX, los intentos por cruzar en avión el océano atlántico de continente a continente se suceden. Los fracasos, también. Un millonario francés, Armand Lotti, saltándose las disposiciones gubernamentales que prohibían los vuelos transatlánticos debido a su elevada siniestralidad, quiso emular al piloto norteamericano que lo acababa de realizar despegando de la orilla americana. Efectivamente, estamos en 1929 y habían pasado dos años desde que el piloto Charles Lindbergh lograra la hazaña de cruzar el océano Atlántico, desde Nueva York hasta París, en un vuelo de 32 horas, sin escalas y en solitario.

Lotti, junto a dos amigos, Jean Assollant y René Lefévre, dos pilotos de las Fuerzas Aéreas del Ejército Francés, consideraron preferible una ruta por Casablanca y desde allí volar a Nueva York. Pero no lograron pasar de Casablanca y la difusión de la noticia causó a los militares la expulsión del ejército y a Lotti el regreso a su empresa familiar, la dirección de un hotel en París.

Sin embargo, Armand Lotti no se rindió. Desmontó el aeroplano y lo trasladó clandestinamente hasta Estados Unidos vía Inglaterra. Su idea era emular el vuelo de Lindbergh. Despegaron de la playa de Old Orchard (Maine) el 13 de Junio de 1929. Dentro del aparato viajaban cuatro hombres: Armand Lotti, promotor de la expedición; Jean Assollant, y René Lefévre, primer piloto y navegador; y un polizón, el primero de la historia aérea, Arthur Schreiber. El modelo de la avioneta, una Bernard 191 GR; su nombre, l' Oiseau Canari, El Pájaro Amarillo, debido al llamativo color de su pintura, de gran utilidad en caso de accidente en el mar.

Fue un éxito y, también, un fracaso. Sí, lograron cruzar el océano pero no llegar a París, no directamente. Una tormenta y el peso adicional del polizón les obligaron a tomar tierra antes de lo previsto. Lo hicieron en un amplio arenal, no en la costa de Francia sino en la de España pues ya no quedaba combustible. Tras 29 horas de vuelo, a las 20.40h del 14 de junio de 1929, El Pájaro Amarillo aterrizaba en el arenal de Oyambre (Ayuntamiento de Comillas, Cantabria). La playa desierta se llenó de gente en cuanto los vecinos se enteraron de la presencia del aeroplano en la arena y la gesta se celebró por todo lo alto: cena, orquesta, baile, felicitaciones. El personaje que más éxito obtuvo en las celebraciones fue el polizón, Schreiber, el apuesto joven norteamericano. Finalmente, consiguieron llegar a Paris, al aeropuerto de Le Bourget, eso sí, tras otro aterrizaje por avería en la playa francesa de Mimizan.

PEDREÑA

En la orilla sur de la bahía de Santander, un pueblo lleva el nombre de su embarcadero. Las rocas sobre las que se ha construido se erigen en protagonistas de la onomástica.

Pedreña es bien conocido por ser el lugar donde se han construido unos pequeños muelles desde donde se embarca para cruzar la bahía y arribar a la ciudad de Santander. O al revés.

Dice el diccionario de Madoz (s.v. Ambojo)

«hay también un embarcadero que llaman Pedreña con un muellecito muy cómodo a donde atracan las lanchas a su paso de Santander»

En realidad, su nombre primitivo era Ambojo. Pero ya nadie lo llama así. Actualmente, Ambojo se limita a denominar uno de los barrios del pueblo de Elechas.

El embarcadero de Pedreña es también una conocida escala en la travesía Santander–Somo, muy frecuentada, además de por los vecinos que trabajan en la ciudad pero que prefieren vivir en la tranquilidad de los pueblos del Sur de la bahía, por el turismo de playa que utiliza la barca como cómodo medio de transporte desde el mismo centro de la urbe. Una fiesta de capazos, gorras, sombreros, toallas, sombrillas, cubos y rastrillos… apiñados en los bancos y cubiertas de las embarcaciones; incluso, en sus bodegas, las costillas de la embarcación a la vista, de sonoridad inquietante.

Embarcadero de Pedreña

Embarcadero de Somo

PEÑA

Del lat. *pinna* 'almena' procede la voz peña 'roca'. Sustantivo muy habitual en la toponimia debido a que el afloramiento de roca sobre el tapiz vegetal constituye un punto de referencia de primer orden. Los ejemplos en la toponimia menor son innumerables; en la mayor: *La Peñía* (Valdáliga) Bo., *La Penilla* (Stª Mª de Cayón), *La Peña* (Bareyo) Bo., *Penilla* (Luena), *Penilla* (Santiurde de Toranzo), *Penilla* (Villafufre), *Peñacastillo* (Santander), *Peñarrubia* (municipio), *Piñeres* (Peñarrubia), *Posajo-Penías* (S. Felices de Buelna), *Sel de la Peña* (Luena), *Sobre la Peña* (Valderredible), *Sobre la Peña* (Lamasón), *Sobrepenilla* (Valderredible), *Sopenilla* (S. Felices de Buelna), *Sopeña* (Liendo), *Sopeña* (Cabuérniga), *Trespeñas* (Ribamontán al Monte), *Villanueva de la Peña* (Cabezón de la Sal), *Virgen de la Peña* (Cabezón d la Sal).

La Peña Peñarrobre es el nombre del roquedo de la imagen, con cierto carácter musical repetitivo. Aquí la toponimia recurre dos veces a la peña: una, el nombre genérico; otra, el de la referencia, adjetivada con *robre* 'rojiza'. Un examen más atento permite comprobar que la roca se encuentra agujereada y coloreada con tonos ocres, amarillos, rojizos. Es el efecto de la acción del agua sobre la roca caliza.

Este roquedo constituye el estribo suroeste del célebre *Prau Conceju* de Tudanca. Sobre la roca se extiende el prado limpio donde cada año se subía el ganado en la fecha acordada por el Concejo, órgano administrativo que regulaba la vida de los pueblos en épocas pasadas. Figuras diminutas, apenas se distinguen grupos de caballos y vacas pastando recortadas sobre el horizonte. En las laderas, asoman algunos árboles de los bosques refugiados en el fondo de las vallejas. También, matorrales, consecuencia de la desaparición del bosque, y bloques de piedra dispersos arrastrados por alguna fuerza de antiquísimo glaciar. Los estratos de roca aparecen en la parte superior del corte vertical, hasta el Picu Fonfría (a la derecha, fuera ya de imagen). Como una lección práctica de geología, la imagen da una idea cabal de la composición estratigráfica del suelo.

Añadimos a la serie un célebre pico, Peña Labra (v. imagen infra), mojón incuestionable entre los valles de *Polaciones* y Campoo, incluso entre las Comunidades Autónomas de Cantabria y Castilla León.

PIPA

Dice el DRAE que pipar es una palabra propia de Burgos. Y, también, que es una forma verbal creada a partir de la onomatopéyica *pip*, 'tomar a pellizcos un alimento' o 'tomar una a una las uvas de un racimo'. Lo que no dice es que *pipar* también es 'gotear'. Esta última acepción torna transparente el significado del nombre de la fuente: *La Pipa*: 'fuente cuya agua mana gota a gota'.

En las praderas de Áliva hay una con este nombre y el ganado sabe que podrá beber del reguero que se origina a sus pies. El pastor, que sabe que no debe beber del charco, tendrá que armarse de paciencia y esperar a que su cantimplora se rellene en la fuente; eso sí, gota a gota. La fuente está situada cerca de Minas de Cámara, no lejos de Bolera de Salgardas y del Tremazal, topónimo este último que significa justamente 'terreno encharcado', muy a propósito para delatar la presencia de nuestra fuente pingante.

El color verde de las grandes y jugosas praderas de los puertos de Áliva necesita agua y, también, de un terreno que logre contenerla sin que llegue a subsumirse por el suelo calizo.

Además de la fuente de *La Pipa*, la toponimia de los puertos de Áliva recoge otros nombres alusivos a la existencia de agua en el terreno. Los más evidentes son *El Tremazal, Vega Mullida, Vega Redonda, Sal del Pozo Bajero, Sal del Pozo Cimero*.

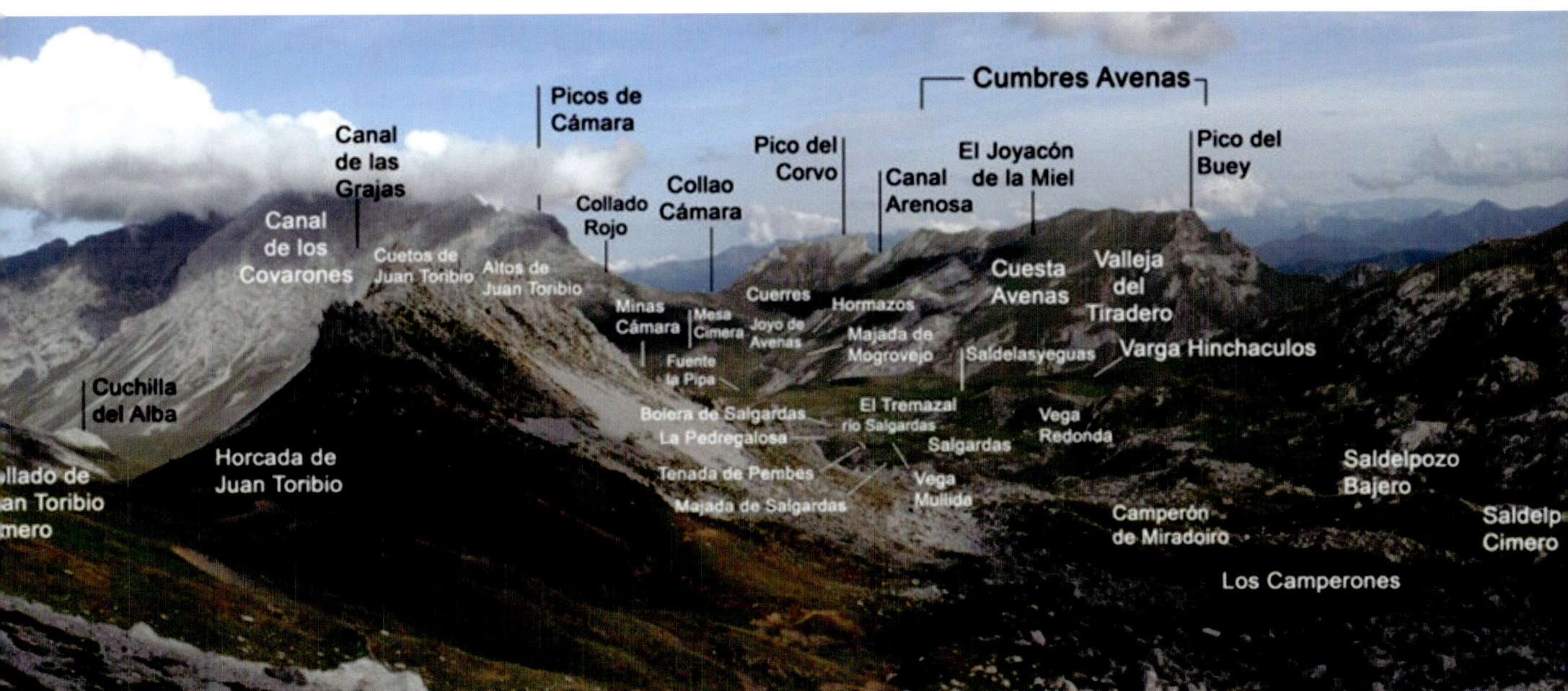

Cumbres Avenas

Picos de Cámara

Canal de las Grajas

Canal de los Covarones

Collado Rojo

Collao Cámara

Pico del Corvo

Canal Arenosa

El Joyacón de la Miel

Pico del Buey

Cuchilla del Alba

Cuetos de Juan Toribio

Altos de Juan Toribio

Minas Cámara

Mesa Cimera

Cuerres

Joyo de Avenas

Hormazos

Cuesta Avenas

Valleja del Tiradero

Fuente la Pipa

Majada de Mogrovejo

Saldelasyeguas

Varga Hinchaculos

llado de an Toribio mero

Horcada de Juan Toribio

Bolera de Salgardas

La Pedregalosa

El Tremazal rio Salgardas

Vega Redonda

Saldelpozo Bajero

Tenada de Pembes

Salgardas

Majada de Salgardas

Vega Mullida

Camperón de Miradoiro

Saldelp Cimero

Los Camperones

POLACIONES

Un valle que es municipio. Está situado en el suroccidente de Cantabria y constituye la cabecera del río Nansa, con un pantano y una presa llamados *La Cohílla*. El territorio limita por el Norte con el municipio de Tudanca, al que deja sin agua. *Polaciones* es la forma equivalente a Poblaciones, derivado no desde puebla sino desde su variante pola. El nombre de los pueblos informa de su origen: una serie de asentamientos establecidos para poner en explotación el extenso territorio de gran riqueza en pastos y bosques. El papel vertebrador de la iglesia queda patente en el nombre de varios de ellos: Santa Eulalia (v. infra), San Mamés, Belmonte (semejante a los Beaumont, nombre característico del monacato ultrapirenaico,); otros deben el suyo a la orografía del terreno (cuetos y hoces en Cotillos y Uznayo), a la presencia de agua (La Laguna, Pejanda), a la vegetación (sauces en Salceda, haya en Tresabuela), a la explotación agrícola (Puente Pumar).

La condición de lugar recóndito y el talante y firme personalidad de los vecinos han favorecido la conservación de costumbres ya desaparecidas en otros lugares. Pervive en la música el ravel, aquí llamado bandurria, una versión rústica del violín. Pero su máxima expresión es la celebración de los Carnavales en el mes de Febrero. Ataviados con disfraces extravagantes (enagua blanca, camisa bordada, bandas, sombrero decorado con cintas, collares, encajes, bordados y flores abigarradas) los zamarrones recorren el valle pueblo a pueblo, con música, bailando y recitando murgas de carácter jocoso y crítico, sabaneando (salpicando con barro) a las mozas solteras. De raíces paganas, es un festival de purificación y de fertilidad, celebrado al comienzo de la primavera. Destaca el salto con el zamárganu, una larga vara con la que, a modo de pértiga, se desplazan unos metros, una exhibición propia de la cultura pastoril.

Prau

El prado, *prau* con supresión de la oclusiva sonora intervocálica /-d-/, es uno de los topónimos más representativos de Cantabria. Alude a la pieza de terreno reservada para el crecimiento de la hierba que servirá como alimento, principalmente del ganado vacuno, bien como pasto fresco, bien segada, secada y guardada en los pajares. Es uno de los tipos toponímicos más numerosos de la región, consecuencia del modelo de explotación agropecuario empleado. En la página contigua, *Prau Pambra* (Peña Rubia). En las imágenes contiguas (Herrerías, Peña Rubia) presentamos diversos *prados* obtenidos mediante la tala del bosque y limpieza del matorral (La cerca de piedra impide tanto la salida del ganado como la entrada de especies arbustivas o arbóreas que han de quedar fuera del terreno reservado. En la inferior (El Praón de Avín, Peña Rubia) las cabras se están saltando las normas rebasando la cerca del *prau*.

Puente

Un río, un puente y unas casas. Con estos sencillos ingredientes se fabrican los nombres de numerosos pueblos. Los presentamos clasificados según su formación.

Simples: *El Puente* (Guriezo), sobre el río Agüera.

Modificados: a) por el nombre del propio río: *Puente Nansa* (Rionansa), *Puente Agüero* (Entrambasaguas). b) por otro elemento: *Puente San Miguel* (Reocín), sobre el río Saja; *Puente Pumar* (Polaciones), sobre el río Nansa; *Puente Avíos* (Suances), sobre Arroyo de Borrañal, afluente del Saja; *Puente Viesgo* (Puente Viesgo), sobre el río Pas; *Puente Arce* (Piélagos), sobre el río Pas.

Sufijados: *Pontones* (Ribamontán al Monte), *Villaverde de Pontones* (Ribamontán al Monte), *Pontejos* (Marina de Cudeyo).

Género femenino: *La Puente* (Luena), sobre el arroyo La Magdalena, afluente del río Pas; *La Puente del Valle* (Valderredible).

El puente del grabado ya no existe, fue dinamitado durante la Guerra Civil española. En la página contigua, la localidad de Puente Viesgo en la actualidad.

VISTA DE PUENTE-VIESGO
SOBRE EL PAS

RETREITE

Desde el desfiladero de La Hermida, el camino de acceso a Tresviso pone a prueba la condición física del caminante. El camino se retuerce en la pendiente, gira a derecha e izquierda y va tomando altura. Su nombre, *Los Retreites*; su etimología, el latín *retractum*, participio del verbo *retrahere* 'hacer volver hacia atrás'.

Las vueltas y revueltas se suceden. Esta idea de repetición es la que quiere indicar el prefijo *re-*. Por su parte, *treite* es el resultado de la evolución de *tractum*. Es la forma alternativa a la bien conocida trecho. Aquí, en su forma femenina *tracta* (género obligado por el sustantivo *vuelta*) con la interpretación del final –a en –e característica del asturiano (imagen contigua).

Llegamos al caserío. Seguimos subiendo, ahora hacia la mies que se encuentra sobre el pueblo, en la colina denominada por su forma La Mesa. De nuevo, el camino se retuerce para ganar altura. Una de las revueltas, la más significativa, lleva el nombre de *La Vuelta del Retreite*. Una repetición de la misma noción: el camino gira, cambia su dirección y se llamaba *retreite*. La voz ya no se comprende y viene en su ayuda vuelta, que sí se entiende y deja a la anterior como complementación: *La Vuelta del Retreite*.

En la foto contigua, , un espacio reservado para el cultivo (*llosa*) identificado por la existencia contigua de una revuelta del camino, *retreite*.

ROCHELA, LA

La Rochela es el nombre de la península ubicada en Laredo. De la península y, también, del fuerte que se encuentra en su cima. Para averiguar el porqué de este nombre, será preciso bajar al puerto y embarcar en alguna nave. ¡Rumbo Noreste!

Si navegamos por el mar Cantábrico bordeando la costa francesa, antes de llegar a la península de Bretaña, encontraremos un puerto que tuvo gran importancia en los siglos pasados: *La Rochelle* o, en su forma occitana, La Rochela. Es la capital del departamento de Charente Maritimo, en la región de Nueva Aquitania. Su historia es la de los reinos de Francia, Inglaterra y Castilla en su rivalidad marítima por hacerse con el control de esta costa.

Desde el punto de vista del análisis lingüístico, *La Rochelle* es un diminutivo de la palabra francesa 'roca' motivado por encontrarse la población, un puerto dedicado a la pesca, sobre una plataforma rocosa.

Del puerto francés de *La Rochelle* vino hasta Laredo el nombre para el fuerte. Posteriormente se extendería a toda la península. El topónimo tiene un hermano en América, New Rochelle, consecuencia de la huída de personas ante el avance en Francia de la nueva religión, la católica. Los indios Siwanoys (pertenecientes a la liga Iroquesa) fueron los indígenas americanos que, a su llegada, les vendieron las tierras. La ciudad americana está ubicada en el condado de Westchester, en el estado de New York.

Ironía del destino, son ciudadanos franceses los que mayoritariamente han vuelto a elegir Laredo como destino vacacional tras la posguerra española y la 2ª Guerra Mundial.

En la imagen contigua se observa en primer término el espigón del nuevo puerto; al fondo, a la derecha, los edificios de la población. El casco urbano del antiguo Ladero y su iglesia quedan ocultos por hallarse situados al resguardo sureste de la península. En la imagen inferior, sí se ven.

Sal, Sel

Sel es una palabra, de origen prerromano que, debido a su pérdida de significado (*sel* 'terreno reservado para pasto o refugio del ganado'), suele confundirse con sal (el imperativo del verbo *salir*, nada que ver con el cloruro sódico) que sí se entiende bien.

Los topónimos recogidos - *Sal del Pozo, Sal de las Yeguas* - confunden el sentido de su referente (la existencia de un pozo de agua o la frecuente presencia de unas yeguas). Lo reinterpretan como si fuera un complemento circunstancial de lugar en vez de un complemento del nombre. No obstante, el referente logra igualmente la distinción necesaria que exige todo topónimo de modo que estos seles son lugares bien reconocidos por el pastor que lleva allí a su ganado para obtener su descanso y refugio por estas praderas del puerto de Áliva. Otra cosa es si eres excursionista y has visto el nombre en un mapa. En el caso de *Sal del Pozo*, en realidad existen dos topónimos, homónimos y cercanos. En este caso, la lengua recurre a dos adjetivos para especificar su situación y así evitar equívocos: *Sal del Pozo Bajero* y *Sal del Pozo Cimero*.

La sal, complemento alimenticio imprescindible para el ganado, se la suben los pastores en sus todoterrenos, distribuyéndola por las camperas en pequeños montones. Sin que nadie les dé instruc-

ciones ni charlas sobre dietética, los animales acuden resueltos a consumirla llevados por la sabiduría del instinto.

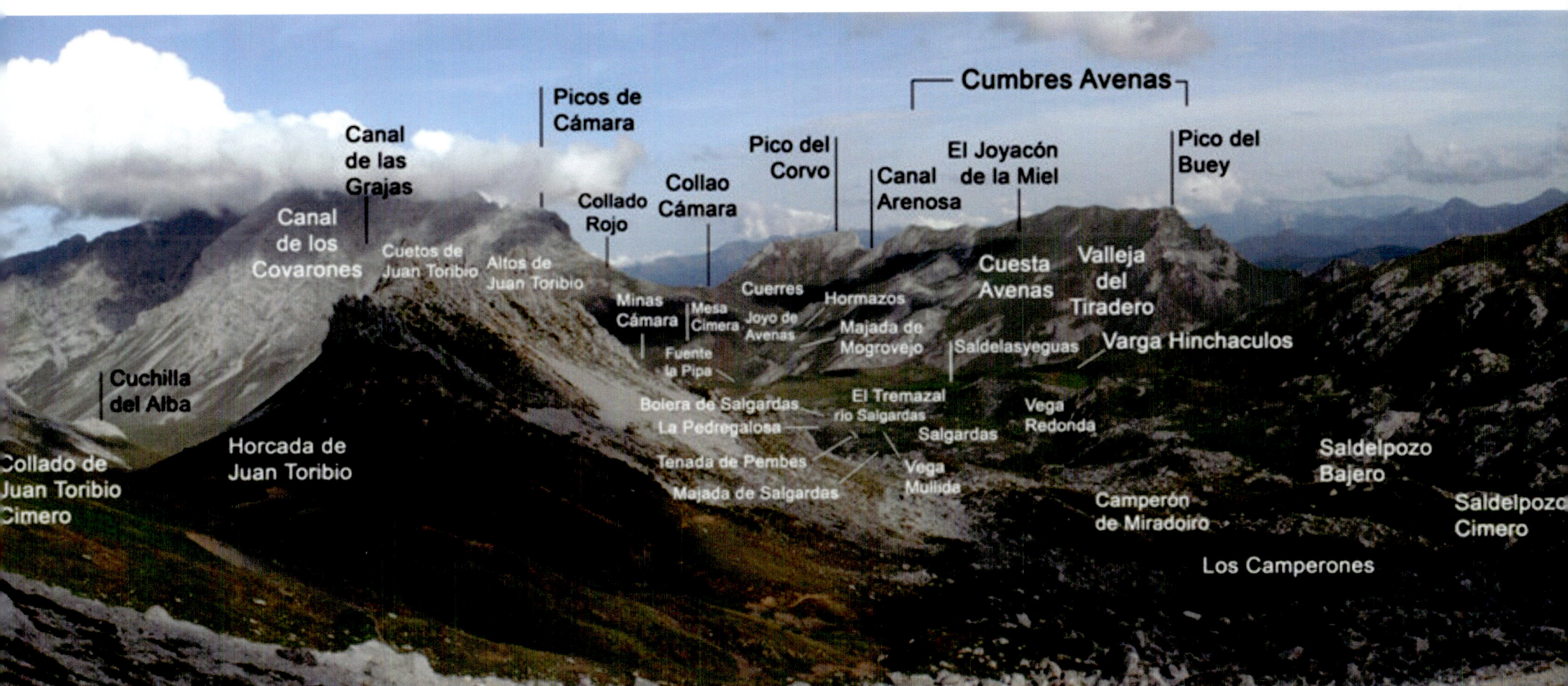

Cumbres Avenas

Picos de Cámara

Canal de las Grajas

Pico del Corvo

El Joyacón de la Miel

Pico del Buey

Canal de los Covarones

Collado Rojo

Collao Cámara

Canal Arenosa

Cuetos de Juan Toribio

Altos de Juan Toribio

Cuerres

Hormazos

Cuesta Avenas

Valleja del Tiradero

Minas Cámara

Mesa Cimera

Joyo de Avenas

Majada de Mogrovejo

Saldelasyeguas

Varga Hinchaculos

Cuchilla del Alba

Fuente la Pipa

El Tremazal río Salgardas

Vega Redonda

Bolera de Salgardas

La Pedregalosa

Salgardas

Collado de Juan Toribio Cimero

Horcada de Juan Toribio

Tenada de Pembes

Vega Mullida

Saldelpozo Bajero

Majada de Salgardas

Camperón de Miradoiro

Saldelpozo Cimero

Los Camperones

Salve

El nombre de la oración cristiana *La Salve* ha quedado grabado en la toponimia como sujeto de un verbo en pasiva refleja: *Se Reza la Salve*. El complemento agente de la oración será todo aquel que pase por el lugar y quiera rezarla.

Serrezalasalve es el nombre del collado, junto al de Tresabuela, en el cordal que asciende hacia el Sur, hasta la cima de Perravieja. Todo sucede en el recóndito valle de Polaciones, en término del pueblo de Santa Olalla.

La razón de esta denominación hay que buscarla en la antigua costumbre de rezar esta oración en el camino, en algún punto donde hacer una pausa, muchas veces en los cruces. Aquí, en el paso de un valle a otro, del de Polaciones al de Tudanca. Obsérvese en la imagen contigua superior la presencia, digamos estratégica, de un abrevadero para el ganado.

La existencia de la imagen de un santo (foto contigua inferior, en el municipio de Tudanca) o de una pequeña capilla o humilladero (imagen inferior derecha, en el de Puente Viesgo) que albergue la imagen de un santo o de una virgen o de un Cristo crucificado, invitan al caminante a hacer un alto y rezar. O fumar un cigarrillo. O ambas cosas.

La toponimia generada puede hacer alusión a la capilla (humilladero > Amilladero) o a la imagen (El Santu). Religión aparte, la pequeña construcción puede servir de refugio al pastor, un portal donde guarecerse en caso de desatarse una tormenta.

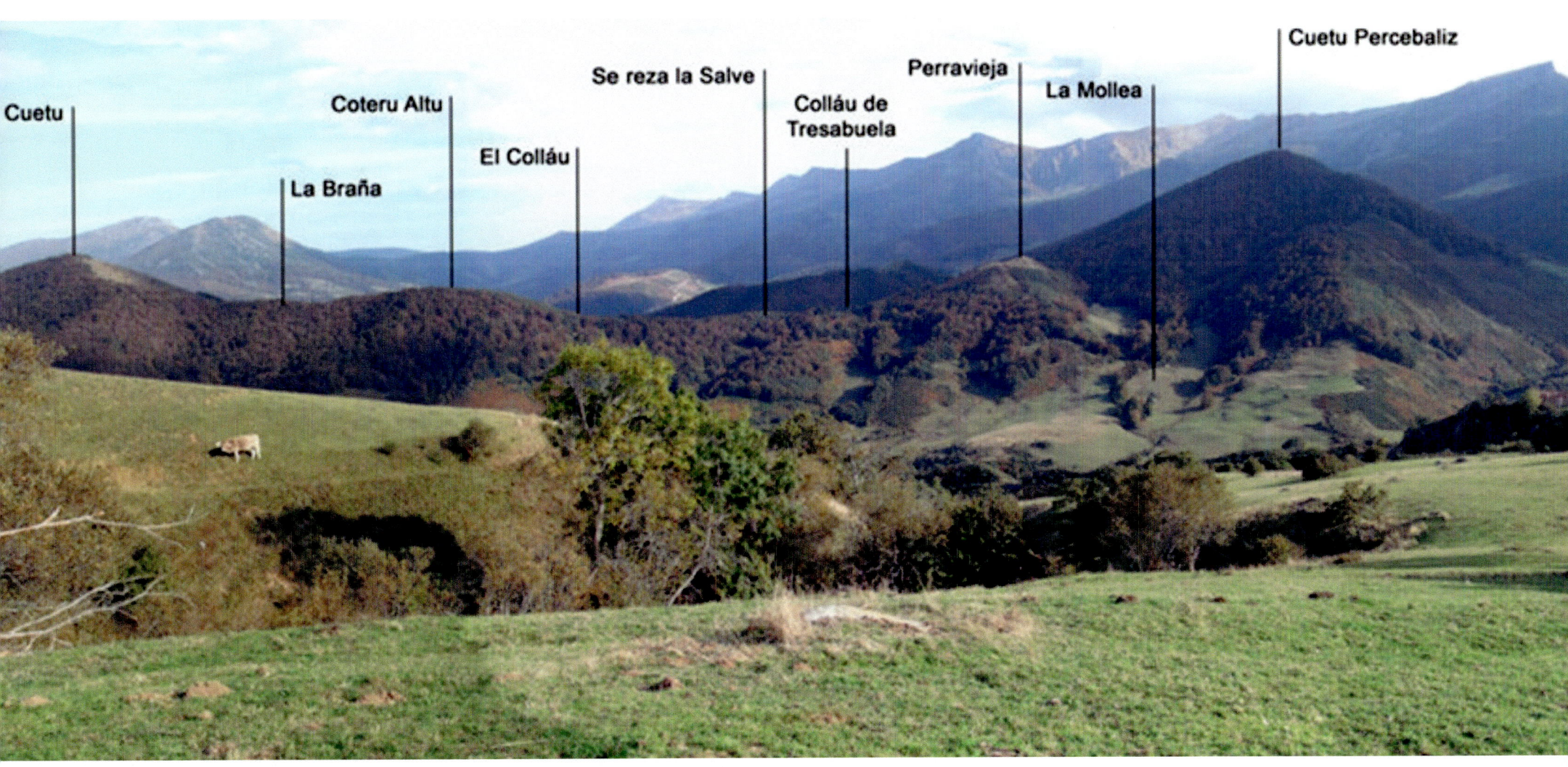

Silla

La metáfora es de nuevo la fuerza generadora del topónimo. En este caso, una silla de montar caballerías. La forma de la peña se asemeja a una montura antigua, algo más elevadas en su parte posterior. Eso sí, según desde dónde se mire.

En la imagen contigua, la peña situada en el ángulo superior izquierdo recibe el nombre de Silla del Caballo. Es la misma peña de la imagen inferior izquierda y de la página contigua, aunque, vistas desde diferente ángulo, no lo parezcan.

Pero *Silla* no es su nombre primitivo. Su primera denominación conocida fue *Las Malatas*, nombre que cayó en el olvido y forma parte del conjunto de la toponimia inestable de algunas cimas de los Picos de Europa.

Estamos en su macizo Oriental y la peña tiene una altitud máxima de 2434 m. Se distinguen dos denominaciones, *Silla del Caballo Bajero* (2344) y *Silla del Caballo Cimero* (2434 m.), refiriéndose cada una de ellas a su extremo elevado, al Oeste y al Este.

La peña se halla junto a la cima más elevada del macizo Oriental (o de Ándara), la Morra de Lechugales, con 2442 m. (imagen contigua inferior derecha).

Somo

Es un destino turístico bien conocido en Cantabria. Pueden ir en coche o, si no se marean, existe una opción más agradable aunque más bulliciosa: embarcando en la lancha que desde el muelle de Santander le conducirá directamente, atravesando la bahía, hasta el embarcadero situado en la localidad de Somo.

El nombre de este lugar en realidad se ha desajustado. *Somo* es palabra que procede del latín *summum* 'la parte de arriba' pero sólo tendrá sentido si alzan la vista y observan las casas situadas en lo alto del acantilado. La actual localidad identificada con el nombre de Somo es un conjunto de urbanizaciones, tiendas de souvenirs, de alimentación, restaurantes y cafeterías cuyo fin es dar servicio al turismo de playa que se acerca hasta el arenal de Somo o posee allí una segunda residencia.

El nombre era en origen el del pueblo situado en lo alto del acantilado. Sobrevive en el del barrio de Somoboo. Lo saben bien las garcetas y el cisne de la imagen contigua, en la ría del Cubas. Otras localidades cuyo nombre procede del mismo étimo son: Boo (El Astillero), Boo (Piélagos), Bucarrero (Liérganes), Guarnizo (El Astillero).

La tradición ha pervivido en el aspecto de estas lanchas: de madera, el casco pintado de rojo, los bancos blancos (capa gruesa de pintura), la cubierta pintada de verde, abierta en proa y en popa, el centro protegido de las inclemencias meteorológicas por una ligera cubierta de tejavana verde sobre la que se colocan los flotadores por si hubiera algún naufragio (que nunca ha habido y, en realidad, no se espera que vaya a haberlo). Los neumáticos que se observan amarrados en proa, babor y estribor tienen la misión de amortiguar los roces de la madera de la embarcación con la piedra de los embarcaderos.

Sobre la cabina del piloto, se sitúan el dispositivo de radar y la antena que procurarán en todo momento la geolocalización exacta  de la embarcación. En la amura de babor se distingue bien la matrícula ST, es decir, Santander. En popa, donde acaba la tejavana de la cubierta, ondea la bandera del país por cuyas aguas se navega.

Marea baja. Ría del Cubas y acantilado al pie de Somoboo.

Teja

El nombre del árbol de la tila no es el *tilar* sino la *teja* si realizamos sencillamente la evolución fonética desde el latín tilia (lat. tilia > cast. teja). Sólo queda adosarle un sufijo de carácter abundancial –osa o -edo, muy habituales ambos en los fitónimos, para obtener el nombre de los bosques de las imágines, *Los Tejeos* (< *Tejedos*) y La Tejosa, en ambos casos 'lugares abundantes en tejas'.

El bosque de La Tejosa (página contigua) está situado en el camino de subida a Ándara (Picos de Europa) y constituye el último piso vegetal antes de adentrarse en la desnudez mineral de Ándara, en el macizo Oriental de los Picos de Europa. En la imagen pequeña contigua superior se distingue iluminado el bosque llamado *Los Tejeos de Cuetu Mayor*, en Bejes.

Conviene no confundir el árbol *teja* con la *teja* de los tejados, voz homónima procedente también del latín (en este caso, de *tegula*). Tampoco, con el árbol llamado tejo (del latín *taxum*) de conocidas resonancias históricas ligadas a la primitiva Cantabria y a sus habitantes que, según cuentan los historiadores romanos de la época, obtenían de este árbol un veneno con el cual preferían suicidarse antes que ser sometidos por los romanos invasores.

Otros topónimos debidos a la presencia de tejas o tilares son *Tejedu* y *Los Tejos*, en Tresviso; *La Tejosa*, *El Teju*, en Bejes.

TORAL

Nada que ver con los toros. Son lomas, lomas delimitadas por vallejas que descienden hacia el fondo del valle.

Su nombre apelativo, toral, ya estaba en latín, *torus*, con el significado de 'almohadón' que, aplicado metafóricamente al relieve, adquiere el de 'protuberancia, saliente del terreno'. Esta acepción es la que aún persiste en la toponimia de Cantabria, aunque la voz ya no se entiende en la lengua hablada actual. Su forma lingüística es sencilla: un sustantivo derivado en –al, muy común en la toponimia y sin mayor consecuencia en su significado.

En la imagen de la página contigua, los torales lo son del valle del río Nansa por su margen derecha. Sus nombres, *Toral de río Bueno* y *Toral de la Pica*, toman su referencia respectiva del curso de agua y cima contiguas. Entre ellos, discurre un canal (*Valleju los Cuervos*) por donde discurre el agua de lluvia.

En los de la imagen contigua, hay que ascender hasta el valle y municipio de Polaciones para encontrar los sucesivos torales *Largo, Ancho y del Oso.* Su longitud, amplitud y el avistamiento de un oso son sus referencias.

TRUÉNGANOS

Si, en vez de *truenos y relámpagos*, decimos *truénganos y fusínganos*, parece que la tormenta es más violenta, que los ruidos y destellos se despliegan y desenrollan con mayor ímpetu, en fin, que la tormenta es más tormenta. El alargamiento de la palabra mediante sufijos con acentuación átona creando una palabra esdrújula parece querer imitar de alguna manera el rebote sobrecogedor del sonido en las peñas, el encendido y apagado del cielo con la aparición de los rayos.

Las voces están vivas en las lenguas amerindias. Justamente, existe un baile así denominado (en texto contiguo, véase la letra de la música). Pero también forman parte de la toponimia. Veamos su presencia en la de Cantabria.

En Picos de Europa, macizo Oriental, al sur de la soberbia torre caliza conocida como *Silla del Caballo*, existe el topónimo . Su significado es el que el lector está sospechando: punto donde caen con frecuencia los rayos en caso de desatarse una tormenta. El topónimo invita a no frecuentar este elevado lugar durante el transcurso de las tormentas. Podría clasificarse dentro del grupo de los topónimos admonitorios, es decir, aquéllos que advierten de la existencia de un peligro en el terreno.

¡Truénganos y fusínganos del cielo vienen cayendo!
¡por los tres Dulcísimos Nombres de Jesús, María y José!
¡qué ventoleros más tremebundos!

¡Truénganos y fusínganos del cielo vienen cayendo!
¡por los tres Dulcísimos Nombres de Jesús, María y José!
¡ qué ventoleros más tremebundos!

¡Truénganos y fusínganos del cielo vienen cayendo!
¡por los tres Dulcísimos Nombres de Jesús, María y José!
¡qué ventoleros más tremebundos!

San Carlos

Morra de Lechugales (2444 m.)

Llambriales Amarillos
(Cuetu la Junciana)

Silla del Caballo

(Cimero)

(Bajero)

Cueto del Infierno

Los Truénganos

Canal
de las
Grajas

Los Traviesos

Malluengo

Canal
de las
Arredondas

Peña Requejo

POTES

LXII

Vaca

¿Y los cuernos? Parecen desamparadas. Quizá sea la vaca el animal más representativo de Cantabria y de su economía tradicional: la producción de leche, de sus derivados y la obtención de carne. Pero su nombre no queda reflejado con facilidad en la toponimia. Presentamos aquí (imagen contigua) la canal que asciende a Ándara, en el corazón del macizo Oriental de Picos de Europa, donde comienza el canchal, a la derecha de la Pica Mancondíu: La Canal de las Vacas. Su denominación es el reflejo de la actividad trashumante llevada a cabo en los años pasados: el ganado vacuno era conducido hasta los pastos altos de Ándara para que pasara allí la época veraniega y aprovechara la hierba que crecía en torno al lago de Ándara, volviendo a los establos de la aldea en el otoño e invierno.

La raza bovina autóctona de Cantabria no es la que actualmente puebla mayoritariamente las cuadras de la región, de características manchas blancas y negras. Esta raza (frisona o holstein) procede del Norte de Europa y fue introducida recientemente debido a su mayor producción de leche. Hasta el siglo XX, la raza vacuna con la que se trabajaba era la autócotona, la tudanca, bien reconocible por su piel de color tasugo y la retorcida cornamenta. (v. *ÁLBUM DE LA TOPO-*

NIMIA DE CANTABRIA II, s.v. Monte). En la foto, cabaña de otra raza, la casina o asturiana de la montaña (de los concejos de Caso, Ponga y Aller).

Vega

De etimología prelatina, aunque no clara (quizás perromana, quizás vasca). Lo cierto es que la voz vega se halla plenamente integrada en el castellano desde sus primeros registros. Traemos ejemplos de documentos de los siglos XI y XII pertenecientes al cartulario de la abadía de Santillana del Mar, donde el latín está ya muy adulterado.

Año de 1084

… Ecce nos omnes neptos de Donno Nunno et de Donna Tarasia id est Nunno Monnioz una cum uxor mea Donna Fronildi … pactum testamentum facimus… trado una terra cum sua pomífera… et pro termino de donna Urracha usque in illo rio et in alio loco alia terra in illa vega de Cete Rodriz et alio de Vincenti Didaz et tercio terminu de Donno Gundisalvi Petriz et usqua in flumen Pas confirmavimus…

Año de 1105

…En Sancto Stephano una terra cum sua pumifera nostra portione, et en na vega de Bovalle nostro pumare cum suo terrefundus ab omni integritate cum quantum ad nos pertinet in villa Trecenio…

Una vega es un terreno fértil, cerca o a la orilla de un río, provisto de abundante humedad. En fin, un terreno muy adecuado para el establecimiento de una huerta o de un cultivo. Según la definición ofrecida por el D.R.A.E., la huerta es 'Terreno bajo, llano y fértil, regado generalmente por un río o por un canal'.

En la toponimia funciona con absoluta normalidad y profusión, tanto en la mayor como en la menor. Ejemplos de la mayor son los nombres de Torrelavega, La Vega (Miera, Rasines, Liérganes, Vega de Liébana, Villafufre). En la menor, los ejemplos son legión.

En la imagen contigua, presentamos una vega junto al río Nansa, al pie del pueblo de Santotís, ayuntamiento de Tudanca (cuyo célebre *Prau Concejo* podemos distinguir al fondo). El pueblo del nombre del santo Tirso ha sido establecido sobre cierta elevación respecto al río para protegerlo de las posibles crecidas de la corriente (más virulentas antes de la existencia de la presa de La Cohílla). Abajo, el terreno es totalmente llano, consecuencia, probablemente, de haber constituido el lecho del río en épocas anteriores. En la búsqueda de mayor velocidad para la corriente, el río modifica su recorrido y, con un airoso meandro, deja a su vera un terreno de llamativa llaneza, una configuración escasa y difícil de ver en estos agrestes parajes.

El vecino, atento al río y a las parcelas, no va a desaprovechar esta oportunidad. Es un terreno perfecto para el establecimiento de cultivos o prados de siega (cercano, llano, húmedo).